景观手绘

表现技法

刘海胜　范训瑞　黄守成　编

海峡出版发行集团｜福建美术出版社
THE STRAITS PUBLISHING & DISTRIBUTING GROUP　FUJIAN FINE ARTS PUBLISHING HOUSE

图书在版编目（CIP）数据

景观手绘表现技法 / 刘海胜，范训瑞，黄守成编
. -- 福州 ：福建美术出版社，2014.6
　　ISBN 978-7-5393-3121-8

　　Ⅰ．①景… Ⅱ．①刘… ②范… ③黄… Ⅲ．①景观设
计—绘画技法 Ⅳ．① TU986.2

　　中国版本图书馆 CIP 数据核字（2014）第 121732 号

景观手绘表现技法

作　　者：刘海胜　范训瑞　黄守成
责任编辑：李　煜
出版发行：海峡出版发行集团
　　　　　福建美术出版社
社　　址：福州市东水路 76 号 16 层
邮　　编：350001
网　　址：http://www.fjmscbs.com
服务热线：0591-87620820（发行部）　87533718（总编办）
经　　销：福建新华发行集团有限责任公司
印　　刷：福建才子印务有限公司
开　　本：787×1092mm　　1/12
印　　张：7
版　　次：2014 年 6 月第 1 版第 1 次印刷
书　　号：ISBN 978-7-5393-3121-8
定　　价：48.00 元

日前接到刘海胜校友电话，邀我为海派手绘即将出版的《景观手绘表现技法》作序，盛情之下，便欣然应允。

手绘不仅是设计从业人员的基本功，也是一门"高大上"的兴趣爱好，近年来拥有了越来越多的粉丝。反倒是在业界，有部分设计师认为电脑绘图是手绘升级的必然，开始摒弃手绘的基本功能。我在很多场合都对此进行了驳斥，不仅是因为自己对手绘情有独钟，不愿意让这一富有诗意又极具创造性的技艺被否定，更重要的是，我深知手绘是完成设计的催化剂和推动力，在任何时期都有其旺盛的生命力，绝不是冷冰冰的电脑画图所能取代的。对于设计从业人员来说，手绘的学习应当贯穿职业生涯的全过程。

海派手绘是福州新近崛起的手绘培训机构，其创办人之一刘海胜是我校艺术设计专业毕业生，在校期间就是"风云人物"，曾入选 2011 年"中国大学生自强之星标兵"。2013年暑假，我受邀为海派手绘开了一次讲座，200 多名学员挤满了教室，全程 90 分钟下来互动热烈，让我一下子喜欢上了这些好学的同学们。课后交流时，有不少同学反映市面上手绘教材不多，所以我觉得，本书出版正逢其时，一定会受到读者的欢迎。

刘海胜虽然刚走出校门不久，从业经验并不丰富，难能可贵的是其对手绘的热爱，并有着独特的视角。著者的初衷是为广大初学者传授一套更清晰便捷的手绘表现技巧，所以本书有两个鲜明特点：一是浅显易懂。每一幅手绘作品都可以分解成好几个局部，并对局部进行认真详细地讲解，图文并茂、通俗易懂；二是循序渐进。注重手绘基础知识的阐述，从最基础的手绘表现工具开始，归纳整理、层层推进到最后的画面整体空间处理，每一章节都可谓是为初学者量身而定。

我真诚希望有更多人通过本书，进一步了解手绘、掌握手绘、热爱手绘，共同来发现和记录生活中的每一份美好。

2014 年 5 月 21 日

（作者为福建农林大学校长，教授，博士生导师）

CONTENTS

目录

一、景观设计手绘草图的特点与意义

　　一名优秀的景观设计师，不仅要有好的构思和创意，还需要通过一定的表现形式将其表达出来。草图就是把设计师的构思转化为视觉图形从而被人感知的最直接、最有效的手段。手绘设计草图是表现形式与设计理念的统一，其特点是绘制速度快，线条优美自然，能给人一种强烈的艺术感染力。(图1)(图2)

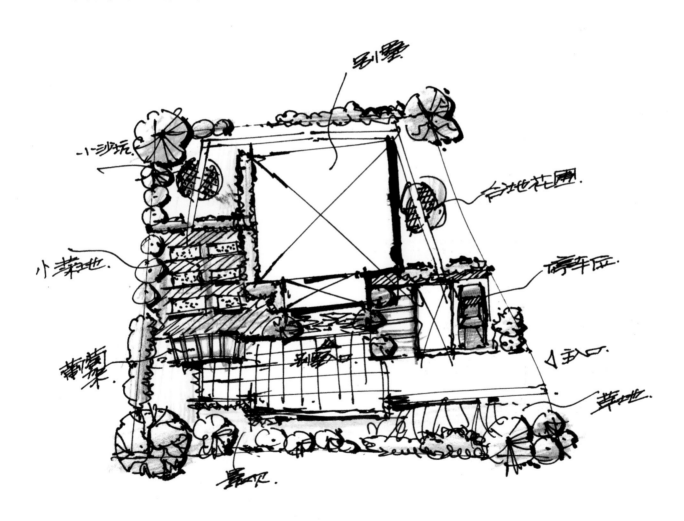

图1　某别墅景观设计平面草图（钢笔＋彩铅）

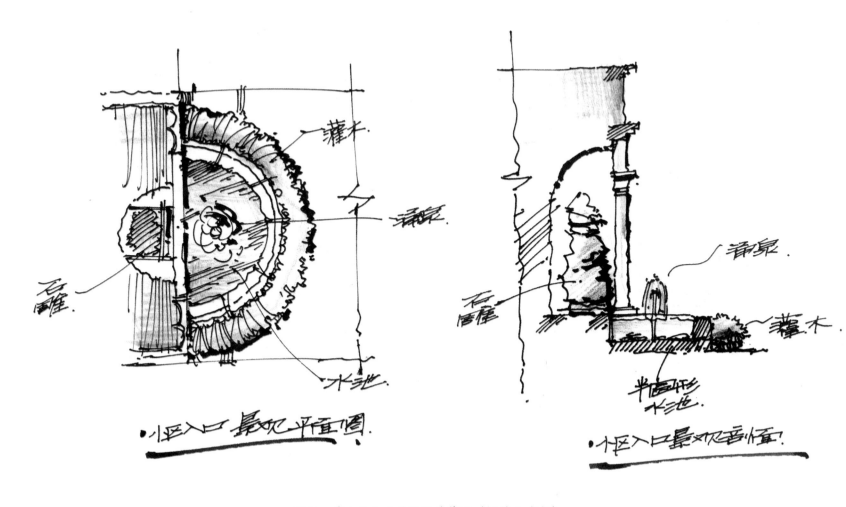

图 2　某小区入口景观设计草图（钢笔＋彩铅）

手绘草图的意义有以下几点：

① 积累设计素材。由于手绘草图绘制速度快的特点，设计师可以随时记下日常生活中所看到的各种优秀的设计案例以及一些好的局部细节，有时也可以用文字加以说明。将这样的资料整理成册就可以形成庞大的素材库，做设计时就能拓展思路，得心应手。

② 表达设计师的设计构思。草图是设计师把设计构思表现为视觉图形最直接有效的方式，它可以帮助设计师迅速捕捉头脑中的设计灵感和思维路径，并把它转化成形态符号记录下来。在景观设计方案初期，我们头脑中的设计构思是模糊的、零碎的，当我们在某一瞬间产生了设计灵感，就必须马上在较短的时间内，用尽量简洁、清晰的线条通过手中的笔表现出来，快速记录下这些既不规则又不完美的形态。

③ 与同行以及甲方交流的沟通工具。当设计师在与同行或甲方进行方案交流时，及时地将自己的想法用草图这一图解方式表达出来，就能更直观地弥补语言表达上的缺漏，也让设计师的方案变得更透彻，更加有说服力。

二、景观手绘图的类别

　　景观手绘图可分为构思草图、分析图以及效果图三种类型。

　　景观构思草图是景观设计师思想火花与灵感的记录，是景观设计方案的源头。构思草图捕捉着景观设计师脑海中稍纵即逝的创意想法，因此构思草图大多数以一些简洁的线条或体块为主，其所用绘图工具大多以炭笔、草图笔或钢笔为主。（图3）

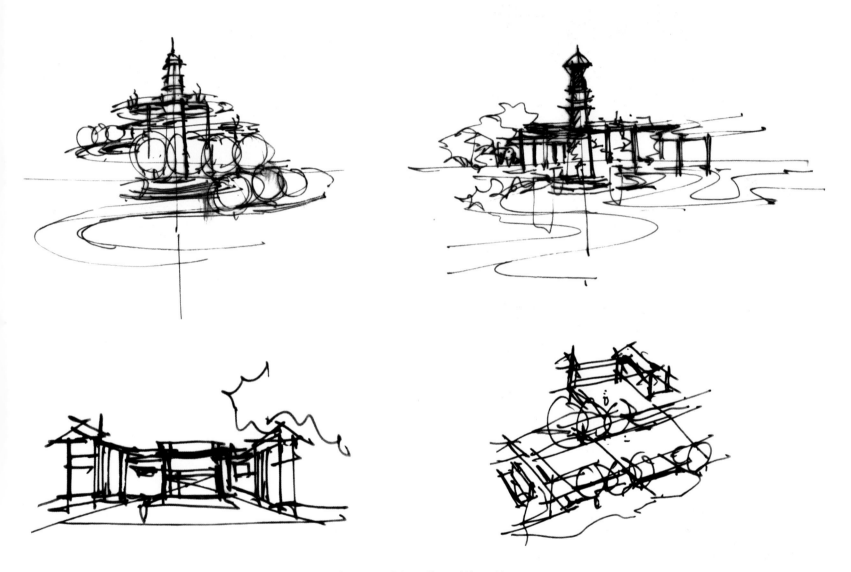

图 3　某景观设计构思草图（草图笔）

　　景观分析图是将一个完整的设计方案分成若干个部分进行具体分析的表现手段。它能把景观设计中一些错综复杂的关系通过一定的文字、图形表达出来，使他人更方便地理解设计对象的具体情况、现状的条件因素、设计师的设计思路和设计意图等内容。通常景观分析图中包括交通分析图、景观节点分析图、功能分析图、小品分布图等等。

手绘效果图是设计师表达其设计成果最直接的手段。手绘效果图具有电脑绘制效果图所不具备的灵活性、艺术性和快捷性。手绘效果图领域主要有以下几种常用的表现技法：水彩表现技法、彩色铅笔表现技法、钢笔淡彩表现技法、马克笔表现技法、喷笔表现技法等。近几年来，马克笔表现技法以其简便的表现方式和独特的效果受到越来越多人的青睐。（图4）

图4　某景观小品设计效果图（签字笔＋马克笔）

一、透视原理与视点的选择

1. 一点透视

当形体中有一个面平行于画面,其他面的线都垂直于画面,并且斜线都消失在一个灭点所形成的透视叫做一点透视,又称"平行透视"。一点透视的特点是简洁、画面统一并且纵深感比较强。一点透视在道路、广场景观等一些大的场面以及室内表现中用得比较多。

2. 两点透视

两点透视又称"成角透视",当形体中只有垂直线平行于画面,而水平线倾斜分别消失在两个灭点时所形成的透视叫做两点透视。两点透视是手绘表现中最常用的透视,其特点是画面效果丰富、活泼,非常符合人对建筑景观的审美视角。因此两点透视相对一点透视来说难度较大些。

3. 三点透视

三点透视在手绘表现中用得较少,一般在表现超高层建筑的俯瞰图或仰视图才用到。在两点透视的基础上增加第三个灭点,这个灭点必须和画面保持垂直的主视线,必须使其和视角的二等分线保持一致。

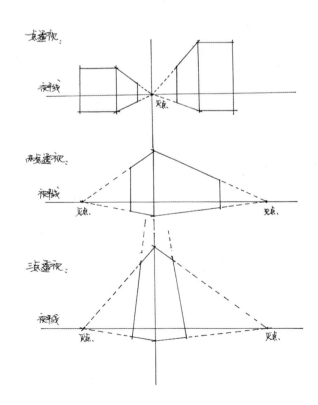

二、构图的形式

视点与构图的基本规律：

构图就是将所画物体的结构、层次关系以及元素组成规律等合理地安排在画面上，构成一个协调完整的画面。

在表达景观设计效果图时，要注意视点和视野的确定问题。不同的景观环境，需要不同的视点高度和视野来体现。构图时，常规的视点高度一般以人站在平地上的视觉高度来确定，也就是人的高度。在确定画面主体景物时，一般把主体放在画面的"黄金分割点"处，这符合大多数人的视觉规律，也可以较为全面地展示景观的空间内容。此外，构图时还要注意画面的整体性和协调性，注意虚实关系以及层次分明。

三、写生——透视与构图的有效方法

当我们在实地写生或者照片写生的时候，准确合理的构图是形成一幅优秀作品的第一步。构图不仅考验作者的透视基础和抓型能力，还能考验作者对画面处理的整体把握能力。初学者往往在画面的构图上把握不足。下面就介绍一种写生时构图的有效方法。（以下面这幅照片为例）

工具：铅笔、直尺、橡皮擦

第一步：画图框

上图是一个场景比较大的别墅景观，不少初学者在写生时容易将整个纸张画得太满，这样在构图上就缺少美感。为了防止构图太满，我们可以先在图纸上用铅笔画个图框，边距的大小可以根据所画场景大小的不同来变化。这幅作品我们用 A3 的纸张来画，图框边距在 3cm 左右即可。

第二步：确定视平线和透视线

在确定视平线的时候，首先要在原图上找到视平线，并确定好视平线在整个图面的位置。由原图可知视平线在图面的中部位置，接下来同样在你所画的画框中部标出视平线的位置，常规情况下我们一般把视平线移到画面中间偏下的位置。视平线确定好了后，根据透视原理就可以将原图景观的透视线画上去。

第三步：景物定位

景物定位就是利用一些方形、圆形的框将原景中的物体"搬"到你的画面当中。在确定每个物体的位置时，视平线是确定而不动的，所以一定要把视平线作为参照线，这样定位会变得更准确。

第四步：画面调整

在写生时，我们所选的场景并不是十全十美的，因此我们需要通过人本身的审美观以及构图原理将原景中的部分物体做一些调整，使得整个画面更加美观协调。如这幅画面中，中间大树位置太正中使画面显得比较呆板，因此我们可以把树的位置稍微向右移一点，这样刚好位于画面的黄金分割点处，画面的主体就变得更加突出了。处理远处的景物时，可以去掉一些细部多的景物而用一些折线概括，这样近实远虚，画面的空间感就显现出来了。

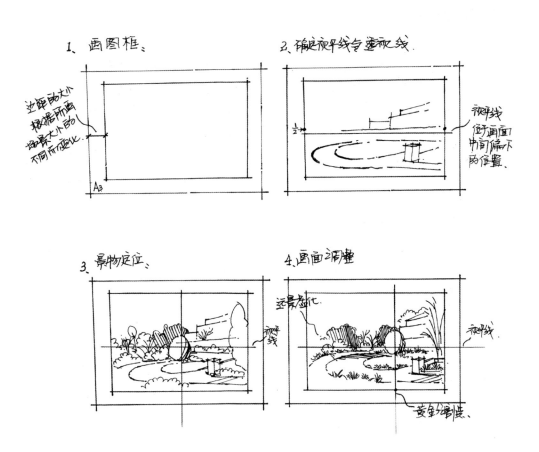

四、线稿整体空间效果处理

手绘线稿的空间处理是在合理的构图以及正确的透视关系基础之上，运用黑白对比、虚实结合等手法将整个画面处理得更加精彩的过程。

这幅作品在空间处理上就充分运用了黑白对比的手法，在表现枯树主干时，将主干旁边的树叶压暗，而将枯树主干留白，通过这样强烈的黑白对比，枯树与树丛之间的层次感就显而易见了。在表现建筑暗部中的灌木时，将灌木稍作留白，并把灌木周边的建筑空间加暗，这样通过"亮—暗—亮"的对比，不仅让建筑暗部的空间感表现出来了，灌木的形体也被突显出来了。

这是一幅学员的作品，作者采用了虚实结合的手法来表达画面的空间效果。首先在构图上将主体景观放在画面的"黄金分割点"处，在对主景进行细致刻画后再把旁边的景观进行淡化处理。这样主体景观与周边景物就形成了一实一虚的空间关系，使得整个画面主次分明，视觉中心更加明显。

学员：陈时沁

在处理比较大的场景空间时，更要注意抓住虚实结合的表现手法。以左边这幅作品为例，画面所要表现的空间分为近、中、远三个层次，以中景为画面的视觉中心。因此在表达中需要把近景和远景虚化以突显出中景的主体。这幅作品不足之处是在远景的表达上略微过多了些，比如远处的两棵棕榈树以及住宅建筑，如果将它们再虚化些，整个画面的空间感会变得更强。

学员：陈溪璐

学员：洪益彬

　　这幅作品在处理空间关系时，只在建筑门厅处进行暗部空间处理，其他地方均以清晰的线条和少量的排线进行表达，并且从近到远逐渐虚化。这样的处理手法虽然没有强烈的视觉冲击力，但是整个画面能给人一种清晰自然的感觉，同时又不乏空间进深感。

一、不同的工具与材料的介绍

"工欲善其事，必先利其器。"在学习景观手绘之前，我们必须先了解手绘时所要用到的工具。景观手绘所用的工具相对水彩、水粉等来说比较简易，携带起来也比较方便。下面分两部分来具体介绍。

钢笔、美工笔

针管笔

1. 线稿阶段

画线稿阶段我们需要用到的工具包括：铅笔、针管笔、黑色签字笔、钢笔(美工笔)、平行尺、橡皮擦等。手绘所用的纸张一般是不同规格的复印纸、素描纸、牛皮纸、绘图纸等，复印纸以 80 克厚度为宜。各种不同的笔画出来的线条效果略有不同。

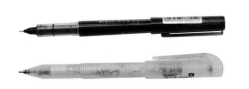
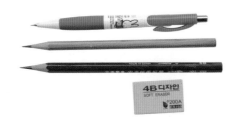

黑色签字笔   铅笔、橡皮擦   平行尺

2. 上色阶段

景观手绘上色阶段最常用的工具有马克笔、彩铅、高光笔等。马克笔大体可以分为油性和水性两种。油性马克笔的颜色种类有上百种，且油性马克笔受绘画基材的限制性较小，可以绘在纸张、玻璃、塑料、木板等材料上。常用的油性品牌有：TOUCH、法卡勒、凡迪、三福、AD 笔等。水性马克笔颜色种类也较多，但由于其在绘画中反复涂擦容易损纸和伤及画作，且笔触间衔接重合明显，容易显碎，所以比较少用。彩铅和高光笔能够表现出一些马克笔做不到的效果，因此在景观手绘表现中这两种工具也经常使用到。

马克笔

高光笔

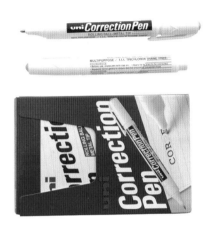

彩铅

二、不同线条的练习和运用

　　线条练习是手绘学习中最为基础也是最重要的部分之一。优美的线条能使整个画面变得更有灵动性和艺术感，因此，线条训练是每个初学者的必修之课。线条训练是一个长期的过程，初学者们必须长期坚持练习线条。线条按不同笔法可分为慢线、快线、弧线、折线四种线条。

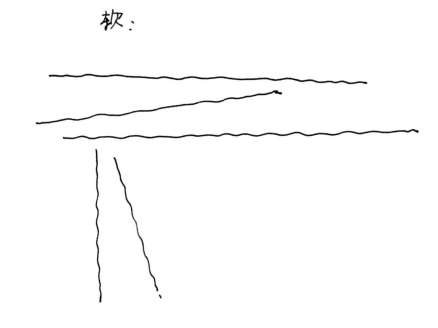

　　1. 慢线条：慢线条给人一种"软与柔"的感觉。用笔时速度要均匀，中间略带抖动，线的整体要保持直。慢线条在设计方案草图、古建手绘表现中经常用到。

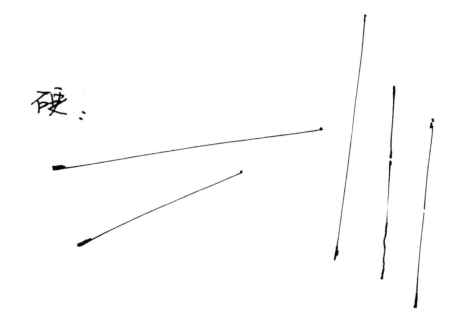

　　2. 快线条：快线条表现出一种"硬与刚劲"的感觉。下笔时手要稳并且速度要快，干净利落，有头有尾。快线的竖线比较难把握，因此经常分段来处理，但要注意两条线之间要留有空隙。快线条在现代建筑表现、室内表现、景观小品表现中经常用到。

3. **弧线：** 画弧线时用笔速度要略快，较长的弧线可分段来画。弧线在现代建筑和景观小品、室内单体静物表现中经常用到。

4. **折线：** 折线的用笔具有一定的不规则性，因此初学者在练习折线时用笔速度要适当放慢些，思维要引导着笔头，而不是盲目乱画。折线常用于景观植物、建筑配景的表现。

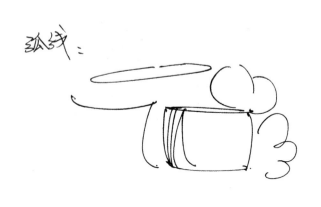

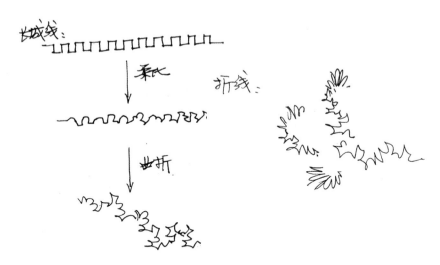

线条练习说明：① 多练长线，避免出现明显的弧线；② 控制排线间距，避免线重合，由线组合成一个透气灰色的面；③ 练习各种方向的线，锻炼手在各个方向上的控制力；④ 心静、有耐心才能练出最好的线条。

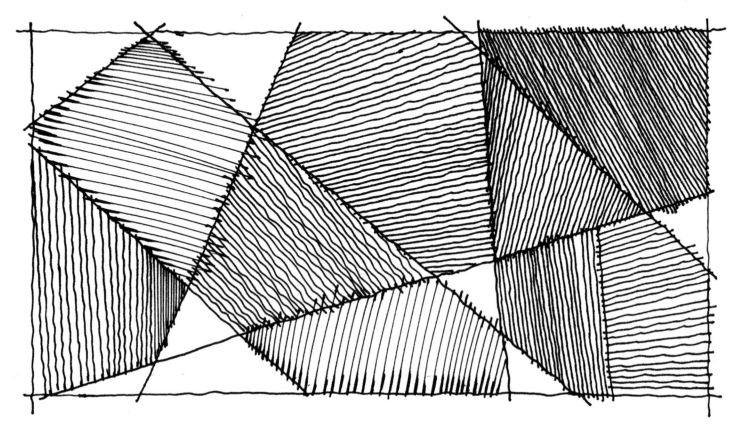

几何形体式训练：

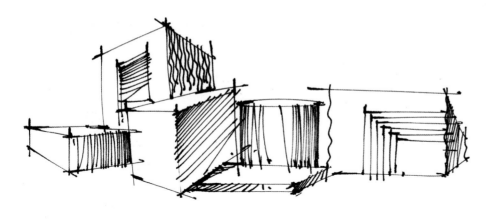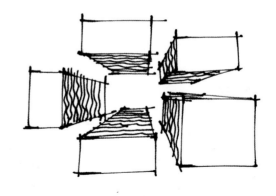

发散式训练：

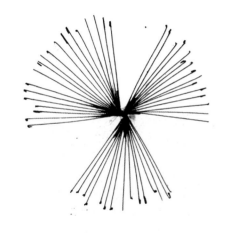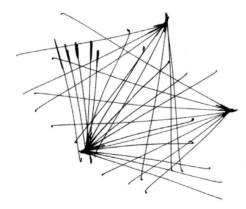

排线训练：

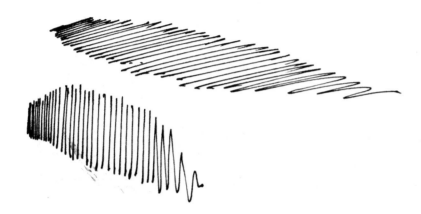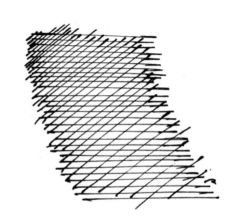

三、不同景观材质的表现

1. 木材质的表现：

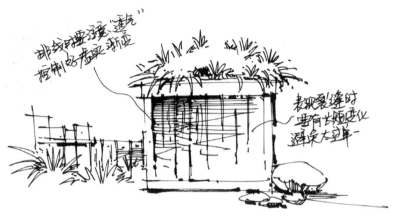

2. 砖材质的表现：

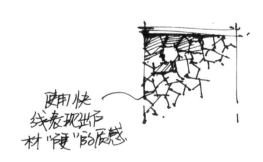

3. 石材的表现：

4. 流水的表现： 水是无色透明的，因此在手绘表现中流水本身的刻画无需太复杂，而是将流水旁边的物体进行加暗处理，通过黑白对比突出流水的质感。

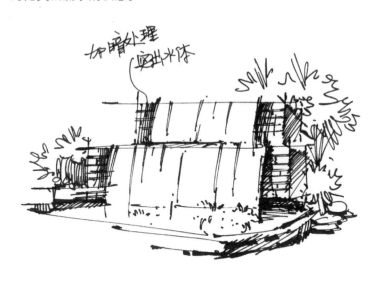

5. 路面材质的整体表现： 处理地面材质时，应从整体出发，减少细节刻画，同时要注意"近实远虚、近大远小"的透视关系。

石板路面

泥土路面

地砖路面

四、景观植物与山石组合的表现

1. 单体树的表现

    景观植物线稿手绘是利用线条以及明暗关系将现实中复杂的植物"概括性"地表达出来的一种方式。在单体树的表现中，我们可以把不同的树看成不同的几何形体，通过这种形体再加上明暗就可以把树的形态表现出来。

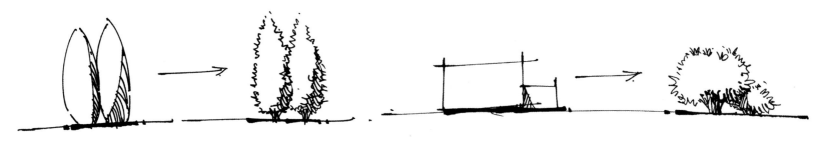

① 树冠的形体：

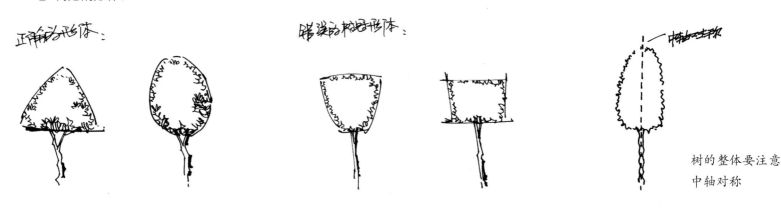

正确的形体： 错误的树冠形体： 中轴对称

树的整体要注意
中轴对称

② 树干的表现：

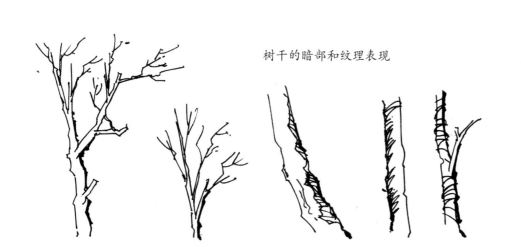

树干的暗部和纹理表现

③ 树叶的表现：

小贴士

    画树叶的时候要注意"三五成群"，就是将 3~5 片叶子组成一个"组合"，再将这些"组合"进行不同方向的叠加，这样就能表现出一簇叶子的层次感。

④ 单体树表现步骤：

步骤 1：从树冠顶部开始起笔，由于是受光点，顶部叶子要画小或适当留白。

步骤 2：树叶层次感的塑造，记住"三五成群"，注意每组叶子的摆向要有变化，簇与簇之间要有镂空留白。

步骤 3：树冠形体基本完成后，在树冠的底部和镂空处加上树干和树枝。

步骤 4：在树冠底部加上排线进行暗部处理，要注意排线以小弧线为宜，并要隐藏于树叶里面。

⑤ 各种不同的树:

叶子的长短和摆向
可稍作变化

叶片与叶杆之间要
有留白空间，使整个叶
子变得更饱满

正确的画法

没有留白，整个叶
子型得像"干"

叶片的摆向错误

错误的画法

2. 草丛、灌木的表现

3. 盆景表现

4．石头的表现

石头组合的表现步骤：

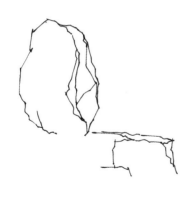  

步骤1：利用快线与慢线的结合将石头主体的外轮廓表现出来。

步骤2：外轮廓完成后，加上草丛等配景。

步骤3：利用不同方向的排线将石头的明暗表现出来，最后可以用美工笔进行部分压暗。

公园石景表现（刘敏敏）

五、建筑景观小品的表现

六、景观建筑配景的表现

人物表现是景观建筑手绘中最重要的配景之一，我们常常利用人物表现来确定画面中的透视关系和衡量空间的尺度标准。同时，人物表现也可以增强画面的空间进深感和趣味性。

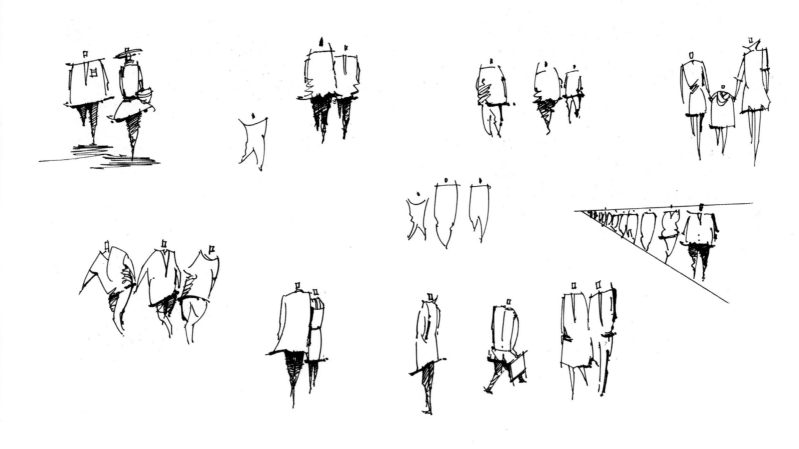

交通配景：

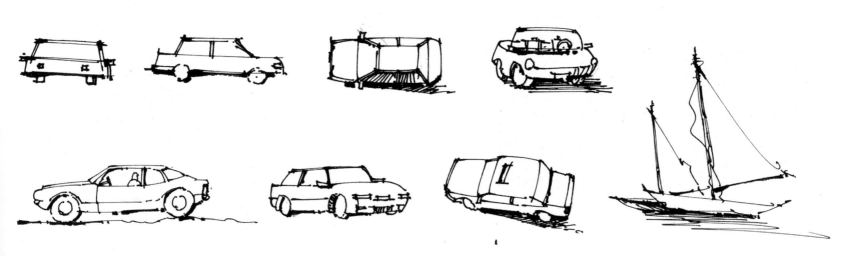

七、景观平面图与立体图表现技法

在画景观平面图时，要注意建筑、小品、植物的阴影处理，阴影要表现出不同的长短，从而体现出景观之间的高矮层次关系，这样整个平面图的立体感就出来了。充分利用平面图标注，让设计方案表达的更加清楚明确，标注线条应整齐有序。

在表达景观手绘立面图时，要注意植物的表达和景观材质的表现，掌握好不同植物的高差和阴影关系，还要注意人物配景与景观主体的比例关系。

① 植物立面表现：

② 植物平面表现：

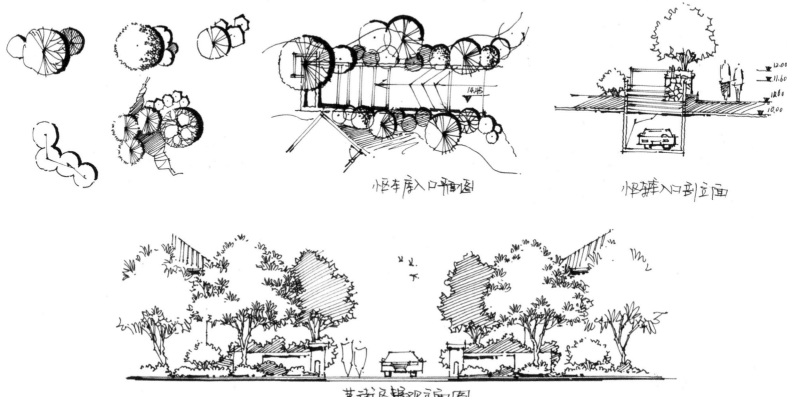

第四章 马克笔表现技法与步骤

一、色彩的构成

色彩构成（Interaction of Color），即色彩的相互作用，是从人对色彩的知觉和心理效果出发，用科学分析的方法，把复杂的色彩现象还原为基本要素，利用色彩在空间、量与质上的可变幻性，按照一定的规律去组合各构成之间的相互关系，再创造出新的色彩效果的过程。

色彩三属性：色相，明度，纯度。人类能够见到的颜色多种多样，有各种鲜艳、柔和、明亮，深重不同的颜色，绝大多数颜色具有三个方面的属性：色相、明度和纯度。颜色可以分为两大类：有色系列和消色系列，有色系列的颜色都具有这三个方面的属性，无彩色系列物体，既黑、白、灰色物体，不具有色相和纯度，只有明度属性，不过色彩的三属性既包括有色系列，也包括消色系列。人们可以根据这三个要素给任何一种颜色定性、定量，因为颜色是个构成的长短调效果。

配颜色的冷暖时，容易出现的偏向是拉不开冷色和暖色的距离，颜色发闷、单调。例如，出某种灰色，但是冷灰色与暖灰色区别不开，或者只能调出暖灰色，调不出冷灰色；只能一种红色，冷红和暖红分不开，或者只能调出暖红色，而调不出冷红色等等。如何解决这些问题？首先要认识到，在每个主要色相当中都有着两种冷暖不同的颜料。在红色类中，暖的有红，冷的有深红、紫红；在黄类颜料中，暖的有中黄、土黄，冷的有柠檬黄、浅黄；在绿色暖色类有中绿、草绿，冷色类有粉绿、翠绿；在蓝色类颜料中，暖色有湖蓝、普蓝。有调冷色时要用偏冷的颜料调配，如调配冷的灰红色，要用深红，如果用了暖的朱红会调出偏暖的灰红色。而在调配偏冷的灰红色时就要用紫红、深红来调灰。

总的来说，暖黄、暖蓝画出的画色调偏暖。用冷红、冷黄、冷蓝画出的画调子偏冷。所以通过选择可以控制色调的冷暖，但并不是调色盘（板）上挤出的颜料品种越多，画面上的色彩就增加，而是要限制所使用的颜料的品种。

12 色相环

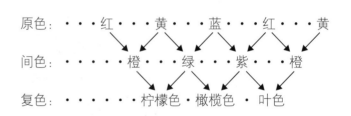

二、马克笔的用笔训练

1. 握笔笔法训练方法。

马克笔握笔方法在马克笔润色中是一个技巧，通常我们在马克笔润色过程中会运用到拉、推、顿、扫、挑等技巧。不一样的用笔，产生的效果就不一样。因此，熟练地掌握马克笔的用笔方法，对掌握马克笔润色有很大的帮助。

注意：笔的握法中，由于笔芯是斜角，所以下笔时笔与纸张需要紧贴呈45度角。

2. 笔触的训练及几种常见笔触：

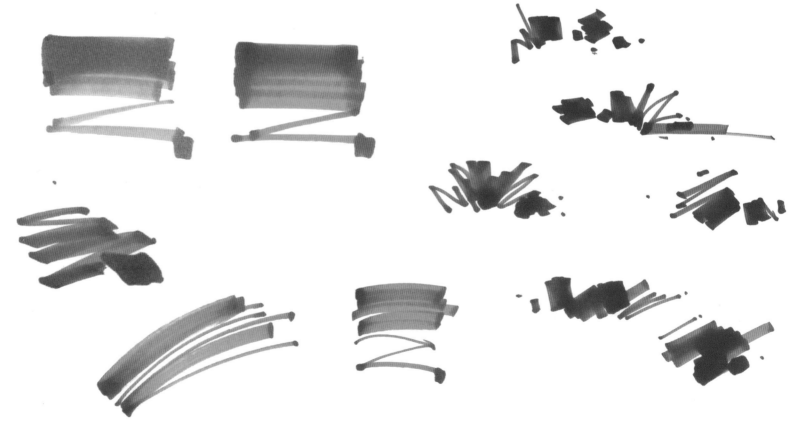

3. 几种常见的错误用笔：

4. 笔触运用技巧：

在运用马克笔中，经常会碰到画直线或者画整齐的一个面中，经常会超出或者不到位。因此，在画这类地方的时候，我们经常会用来回的方法：选定一条边，快速地扫到另一条边，然后再从另一条边扫到刚刚我们起笔的边处。这样来回地扫，就能画出我们想要的效果了。

 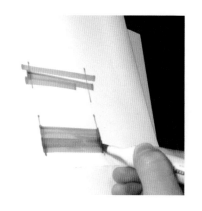 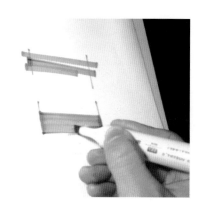

我们在画一些斜面时，经常会把线画超出，使得画面显得粗糙、杂乱。这是用笔方法的错误。在画此类的画面时，我们经常将笔倾斜使用，用马克笔笔头的边靠在要画的线的一边，快速地拉到另一边，连续几次，产生一个规整的面。最后加上线和点，产生点线面的效果，使得画面丰富、生动。

正确的用笔方法一　　　　　　　　正确的用笔方法二　　　　　　　　错误的用笔方法

三、马克笔体块与光影训练

1. 画面的黑白效果

什么是明暗素描？明暗素描是通过光与影在物体上的变化，体现对象丰富的明暗层次。明暗是表现物象立体感、空间感的有力阶段，对其真实地表现对象具有重要的作用。明暗素描适宜立体地表现光线照射下物象的形体结构、物体各种不同的质感和色度、物象的空间距离感等等，使画面形象更加具体，有较强的直觉效果。

2. 对明暗关系的理解

我们在上色训练之前，首先要对明暗关系有一个理解。任何一个物体在自然中都会受到光的影响，然后产生明暗关系。

素描色调的"三大面"、"五大调"是人们在长期绘画经验中总结出来的。它主要指"三大面"、"五大调"的明暗关系。第一点，要注意明暗两个大色调区别，不要画得太死，亮部调子不能没有变化，中灰调子画得不能太重，不能和暗部一样黑。相反，中间反光部分不能画得太浅，一般来说亮程度不要超过亮部的灰调子，否则，就像版画一样，没有立体感。第二点，圆形物体五个调子都没清楚的界线，过渡过要自然"线"或"明暗交界面"，它既不受光线的照射也不受反光的影响，它是由于形体的重要结构转折线形成的。它的色调最暗、最重。物体受到光线照射后，遮住光线的部分，会在物体的另一边留下它的投影，投影的形象决定遮光物的形象，它的深浅决定于投影物的深浅以及光源的远近。

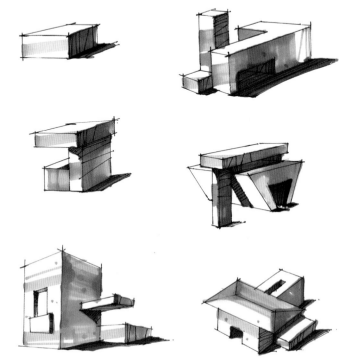

四、色彩的渐变与过渡

产生明暗渐变效果的步骤：

① 选择同一色系不同明暗值的 3~5 支马克笔；

② 在这个区域里用最浅的颜色渲染；

③ 在最浅的颜色未干之前，用下一个深一点的颜色渲染，根据需要在交界重叠的地方再用第一种颜色渲染，使得交界边缘处柔和；

④ 在第二次渲染的基础上，用更深的颜色渲染，同样，根据需要，在交界重叠的地方再用第二种颜色渲染来清除交叠线条；

⑤ 如需要更柔和的过渡，按照上面的方法多用几次重叠，能得到过渡均匀的明暗渐变效果。

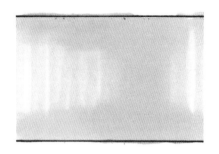  

五、马克笔与其他工具的综合运用

作画基本要求：

在硫酸纸或者牛皮纸上作画，其效果和在复印纸上作画有很大的差别。在牛皮纸上作画能明显地感觉到画面有肌理效果，作出来的画有种宁静、安详感。而在硫酸纸上作画，画面清晰、明亮，使得整幅画面效果透彻。因此，在不同材质上作画，需要根据材质不一而使用马克笔，这需要大量的实战经验。

以牛皮纸为背景的效果图（海派手绘学员 高鸿）

以硫酸纸为背景的效果图（海派手绘教师 易灿）

六、马克笔景观设计表现

1. 单体植物的画法

单体树绘画要点：
① 树形稳定美观
② 树冠立体感强
③ 树枝分叉自然

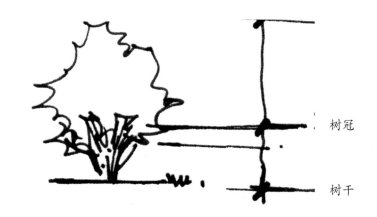

树冠

树干

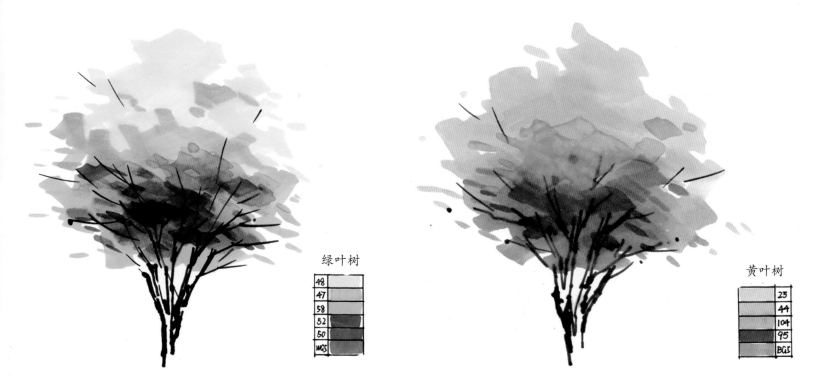

绿叶树

48	
47	
58	
52	
50	
WG5	

黄叶树

25	
44	
104	
95	
BG5	

2. 多层树的画法

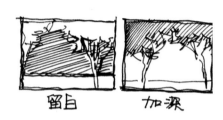

留白　　加深

多层树绘画要点：

① 分清前后关系；

② 越往前越鲜，越往后越冷，灰度越高。

归纳与总结：

① 在画景观植物中，主要分清近景与远景的区别；

② 分清光源，找到暗部；

③ 用笔中运用点线面，生动画面的效果。

棕榈

3. 单体石头的画法

4. 盆景单体的画法

5. 平面图的表现

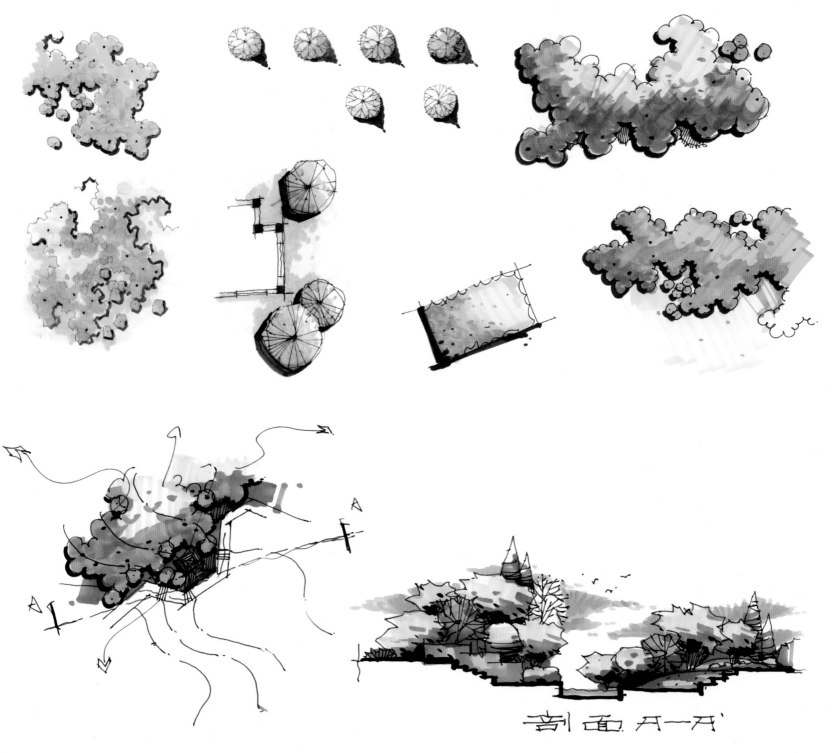

剖面 A—A

6. 景观小组合的表现

作者：海派手绘教师　易灿

作者：海派手绘教师　范训瑞

作者：海派手绘教师　洪益彬

作者：海派手绘教师　刘敏敏

作者：海派手绘教师　范训瑞

作者：海派手绘学员　沈宇

作者：海派手绘教师　范训瑞

归纳与总结：

　　画景观小品相对单体来说又是一个升华，景观小品需考虑到各个物体之间的联系与色彩的呼应。任何一个元素并不是单独存在的，它是依附于其他物体的存在而受到相应的色彩变化。我们在画这种景观小品中必须考虑到各个物体间的关系，将色彩关系充分地表达在画面中，使得画面充满活力与生机。

七、 马克笔表现要注意的几个细节

1. **表现金属质感**。明暗过渡柔和，在光的照射下对比强烈，在表现光泽度较强的表面时，要注意高光、反光和倒影的处理，笔触应平行整齐，可用直尺来表现。

2. **表现透明材料质感**。玻璃（有色、无色）要掌握好反光部分与透过光线的多角性关系的处理。透明材料基本上是借助环境的底色，施加光线照射的色彩来表现。

3. **表现木材质感**。主要是木纹的表现，要根据木材的品种。首先平涂一层木材底色，然后再徒手画出木纹线条，木纹线条先浅后深，使木材质感自然流畅。

4. **表现石材质感**。石材在室内应用比较广泛，其质地坚硬，光洁透亮，在表现时先按照石材的固有色彩涂一层薄薄的底色，留出高光和反光，然后用勾线笔适当画出石材的纹理。

5. **表现皮革与塑料质感**。皮革与塑料表面光滑无反射，介于玻璃和木材之间，没有玻璃那样光亮，与木材相比又有光泽，明暗过渡比较缓慢，涂色时要自然均匀。

在对水面跌水塑造的过程中，我们经常采用点线面的处理关系产生过渡效果，同时形成对比鲜明、笔触丰富的画面。注意画面的明暗关系变化，在暗部中采用一些偏紫的颜色，使水面产生颜色的变化关系。

木质材质的表达中，我们通常采用橘红色进行表达，在橘红色中再采用黄色进行过渡与叠加。在木质材质交接处，用深的颜色将材质隔开，达到深浅不一的效果，局部保留一些反光与投影的效果。

水泥墙面的表达是比较协调的,它的过渡比较微妙,经常采用灰色系涂抹,这样对画面起到协调作用。在画水泥墙的亮部时,受光的影响,我们在亮部处适当地加一些暖色,以补充画面的色彩。在暗部处加一些冷色,以达到冷暖的对比、呼应。

在画画面近景树的投影时,必须保证透视的形态、大小,使得投影融入画面。投影也是有黑、白、灰的明暗关系,并且在投影处加上一些线,作树干的投影关系,达到点线面的效果,丰富画面。

对近景的植物、水面处理时,在最后环节经常会用高光笔、三福黑添加效果。用高光笔在画面的反光处添加,用三福黑在物体的投影处添加,增加画面的明暗关系,增添画面的生机。

对天空的表现,要协调点线面的关系。先用最浅的蓝色在建筑的边缘涂抹,然后再用较深的颜色在建筑的边缘处压边,最后用彩铅向两边涂抹,使得画面协调,表现力强。

八、马克笔表现的方法与步骤

步骤1

步骤2

步骤3

步骤1，铅笔打稿，钢笔绘制，注意画面应构图完整，调子关系明确，主体突出；

步骤2，从主体开始，先表现亮部色彩，注意画出丰富色彩变化；

步骤3，深入刻画主体，铺出大关系色彩，注意画面的明暗关系；

步骤4，强调暗部的变化关系，画出色调变化关系，对细节进行强调刻画；

77	
43	
BG-3	
98	

步骤 4

步骤 1

步骤 2

步骤 3

　　步骤 1，铅笔打稿，钢笔绘制，注意画面应构图完整，调子关系明确，主体突出；

　　步骤 2，从主体开始，先表现亮部色彩，注意画出丰富色彩变化；

　　步骤 3，深入刻画主体，铺出大关系色彩，注意画面的明暗关系；

　　步骤 4，强调暗部的变化关系，画出色调变化关系，对细节进行强调刻画；

步骤4

步骤1

步骤3

步骤1，铅笔打稿，钢笔绘制，注意画面应构图完整，调子关系明确，主体突出；

步骤2，从主体开始，先表现亮部色彩，注意画出丰富色彩变化；

步骤3，深入刻画主体，铺出大关系色彩，注意画面的明暗关系；

步骤4，强调暗部的变化关系，画出色调变化关系，对细节进行强调刻画；

步骤 4

实景：福建农林大学"茶人码头"

作者：海派手绘教师　洪益彬

实景：福建农林大学荷花池

作者：海派手绘教师　刘敏敏

鸟瞰图

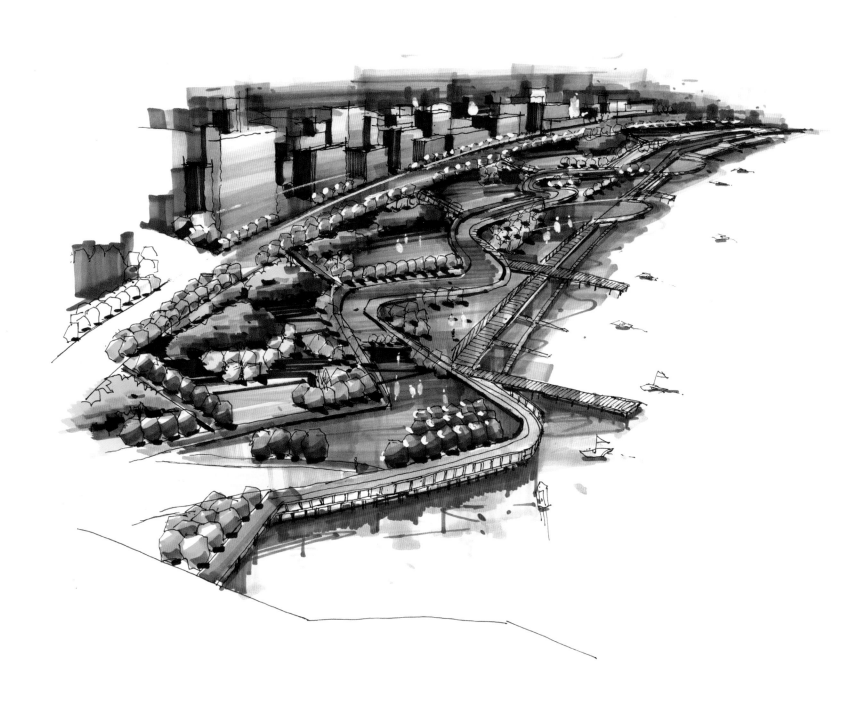

作者：海派手绘学员　徐加进

一、快题设计概述

快题设计是指在一定的设计任务条件下，经过短时间的筹划，将设计构思、设计创意完整快速地表现在图纸上的设计方式。通常包含图解分析、意象表达、必要的文字说明以及最终的设计方案的效果呈现，形成方案设计概念。

快题设计作为园林景观专业常用的一种提高技能的训练手段，是设计最初的形态化描述，是一个设计的想法，或者是一个抽象的见解，一个具有形态与结构的表现形式，通常以速写为载体。主要是以检验设计能力为目的，要求在短时间内，完成从文字的要求到图形的表达，完整地表现出从设计创意、构思到最终设计方案的效果呈现。

1. 审题与分析、概念定位

设计任务书是以文字和图形的方式给设计者提出了明确的设计目标、设计要求和设计内容，因此要通读和细读设计任务书，全面审题，深入了解给定的设计条件、设计要求和设计信息，抓住设计的核心问题，同时对各个细节也要心中有数。

审题时要注意以下几点：

① 通过任务书要求的数据，以红线为界，把握好总占地面积、各功能块要求面积、灵活自由面，以及基地绿化面积和基地的可用面积，也包括建筑规划和面积，并且需要大概估计设计的内容如何才能满足面积要求。

② 看清任务书要求的建筑性质或园林形式，大的功能块数量，有无特殊功能要求。

③ 注意环境的使用者，设计中有无特殊要求。

④ 根据道路情况，决定出入口可设方位。主次入口各自的可布置方位。

⑤ 周边环境有何特殊要求，对体型有何限制，环境中有什么可利用的要素。

⑥ 若周围有建筑，注意防火间距和消防通道的设置要求。

⑦ 地上停车位数量，地下车库入口有无要求。

⑧ 建筑风格有无特殊要求，建筑手法有无特殊要求。

分析题目时要注意的几点：

① 功能制约方面：各功能空间的流线要求；各空间的面积分配；各空间功能的开放程度；空间的对内和对外的关系；各功能建筑或功能设施在空间的朝向要求；各功能空间的动静要求，如图书馆、休闲长廊等。

② 环境制约方面：车流、人流；朝向，景观—界面控制；与周围建筑的功能关系；建筑形态、园林形式和景观的环境意义—围合，对周围环境的影响。

2. 设计构思

这里所指的设计构思一般涵盖了所有平面图、剖立面图、空间透视图和版面设计这几个内容，审完题后就要在草图纸上勾勒出设计草图。可以快速勾勒几个可行性的平面草图，选择最合适的平面草图进行深入分析，并推导出相应的剖立面图。这里需要说明的是所谓的"草图"不是指概念性的意向草图，而是指能够直接定位最终成图的草图，对于手快的同学可以将草图用软铅笔完成在考试快题纸上。而之所以要将构思草图与成图分为两步是因为只有整体都考虑对应好了，才适合往考试纸上画，避免后面来回改动的麻烦。

3. 快题设计时间分配原则

每个考生在考前一定要根据自己的作图习惯合理地进行时间分配，一般按顺序为：方案 1.5 小时—铅笔排版 0.5 小时—平面 1 小时—剖立面 0.5 小时—透视图 2 小时之内（有时间就画分析图）—机动时间 0.5 小时。各段时间包括上色时间。平面图是所有图中最重要的，建议画完平面图后先画立面图，这样可以迅速推出透视图（透视是在主立面上加消失点即可快速完成）。先把这几个最重要的画完，心理压力可以减少很多，然后剩下的时间再画那些相对次要的图。卡好时间，每画一个图就对下时间，整体把控节奏。

一、命题：某居住小区中心庭园规划设计

二、用地概貌：

某市区成片开发建设一个现代风格的居住小区（房地产开发），整个居住小区用地面积9.66公顷，楼房高6～12层，总户数12158户。在居住小区的中心规划有一个中心花园，面积约3200平方米，形状似梯形，中心庭园用地基本为平地。（参考第3页提供的总平面图）

三、设计内容及要求：

1.根据第2页提供的图纸，规划建设有时代特色的居住区中心庭园。

2.要求绿地率应在60%以上。

3.中心花园内可考虑设置一定量的景观及休闲活动小品等，不设服务设施。

4.现状地形，可依设计需求作改变与调整。

四、图纸要求：

1.总平面图1:250（要标出种植类型）　（60分）

（提供图纸为1:500需放大）

2.竖向设计1:250　（25分）

3.中心庭园总体鸟瞰图及局部透视图各一张（鸟瞰图中周边环境可不画）　（50分）

4.规划设计说明书500字左右　（15分）

案例解析一

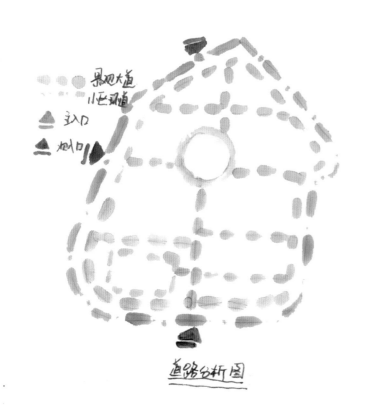

道路分析图

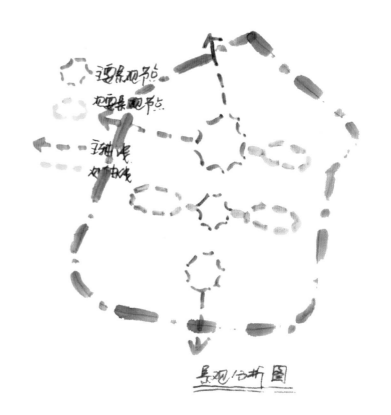

景观分析图

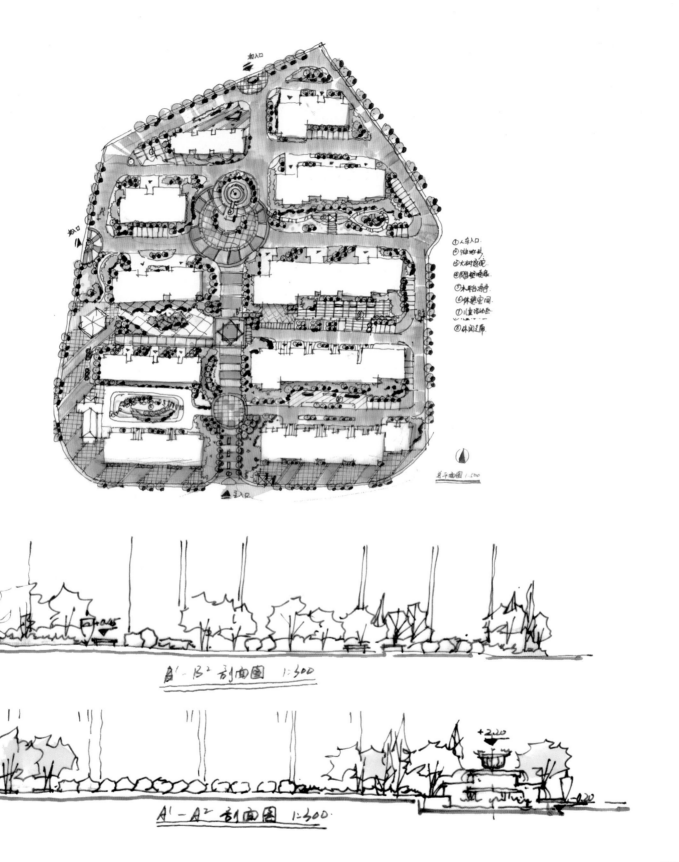

总平面图 1:500

①人车入口
②游泳池
③大树庭院
④圆形喷水池
⑤木平台游廊
⑥休憩空间
⑦儿童活动区
⑧休闲连廊

B¹-B² 剖面图 1:300

A¹-A² 剖面图 1:300.

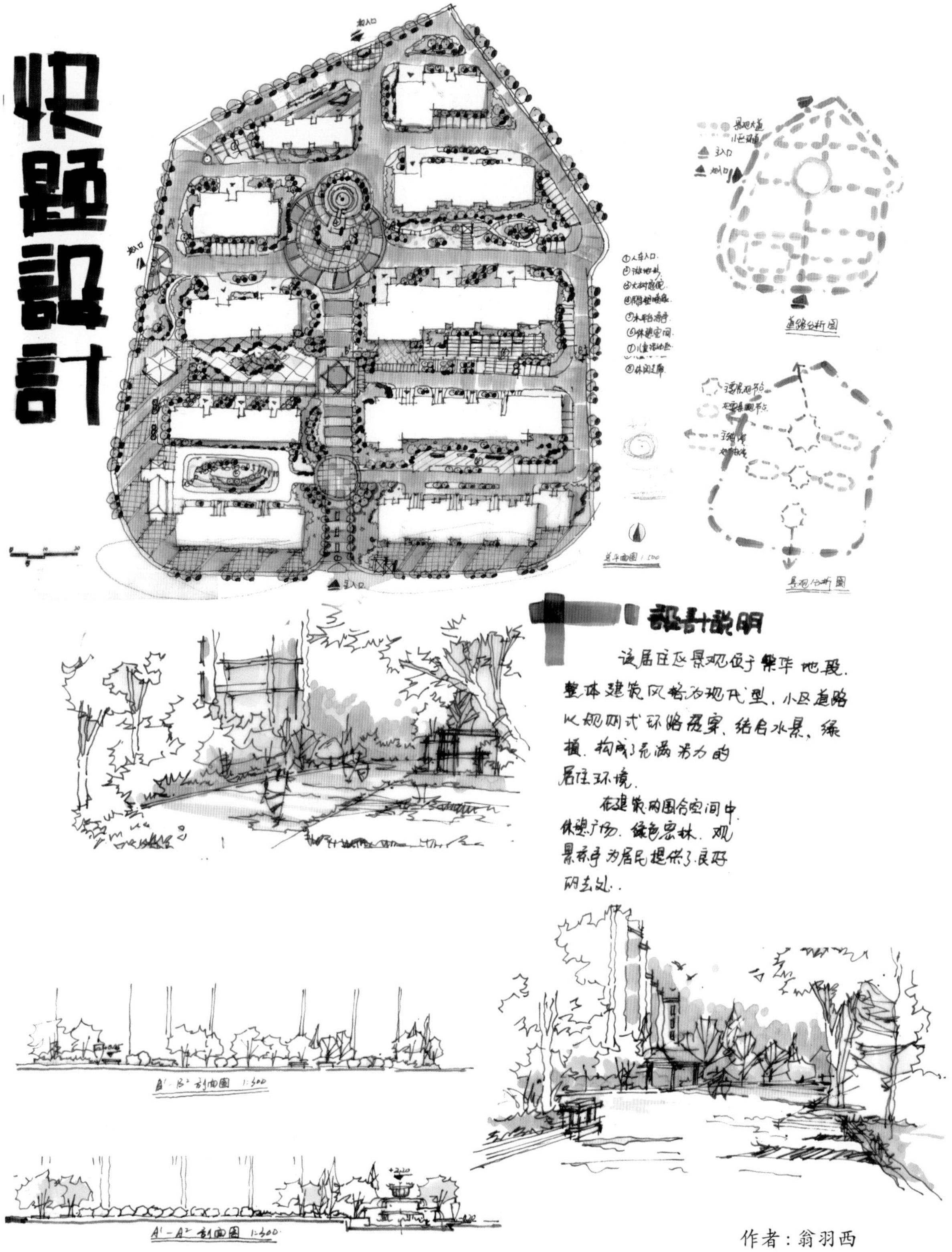

快题设计

道路分析图

景观分析图

总平面图 1:500

十 设计说明

这居住区及景观位于繁华地段，整体建筑风格为现代型，小区道路以规则式环路成案，结合水景、绿植，构成了充满活力的居住环境。

在建筑的围合空间中休憩广场、绿色密林、观景亭等为居民提供了良好的去处。

①人车入口
②消地游闲
③火树景观廊
④中景规观廊
⑤水蚀游步
⑥休憩空间
⑦儿童游乐园
⑧休闲步廊

B¹-B² 剖面图 1:300

A¹-A² 剖面图 1:300

作者：翁羽西

案例解析二

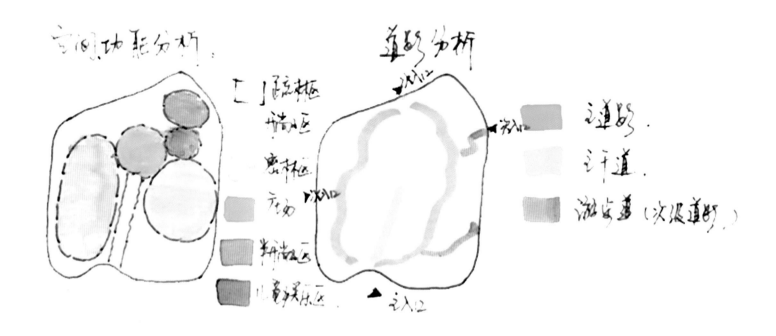

空间功能分析   景观分析

┌─┐ 临林
   草地区   状况
   密林区

   活动   ■ 道路   ■ 道路

   ■ 休憩区   ■ 汗道

   ■ 儿童娱乐区 ▲ 入口   ■ 滨水步道 (次级道路)

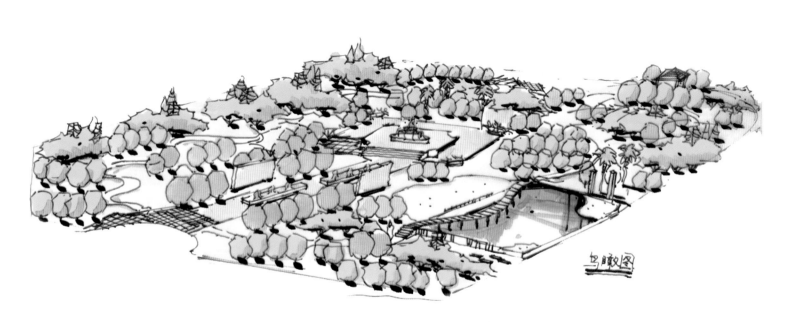

鸟瞰图

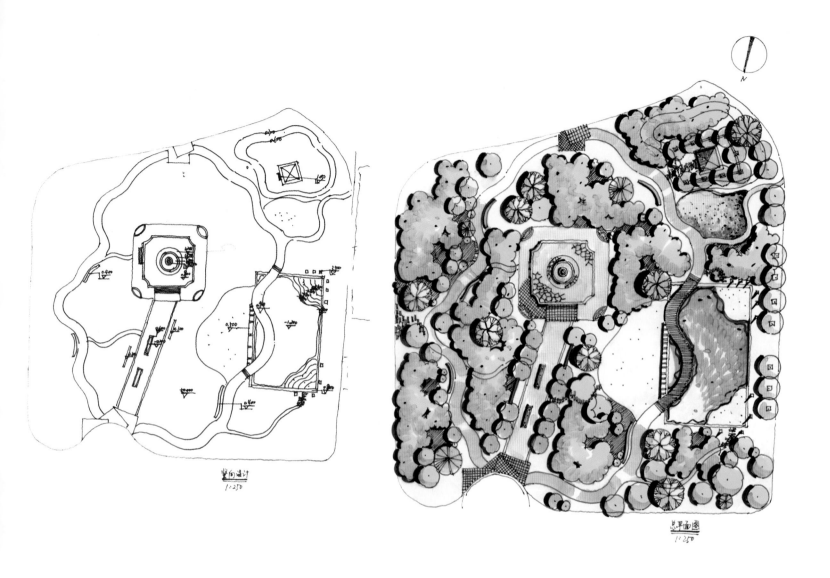

竖向设计
1:250

总平面图
1:250

剖面图
1:250

作者：林毅伟

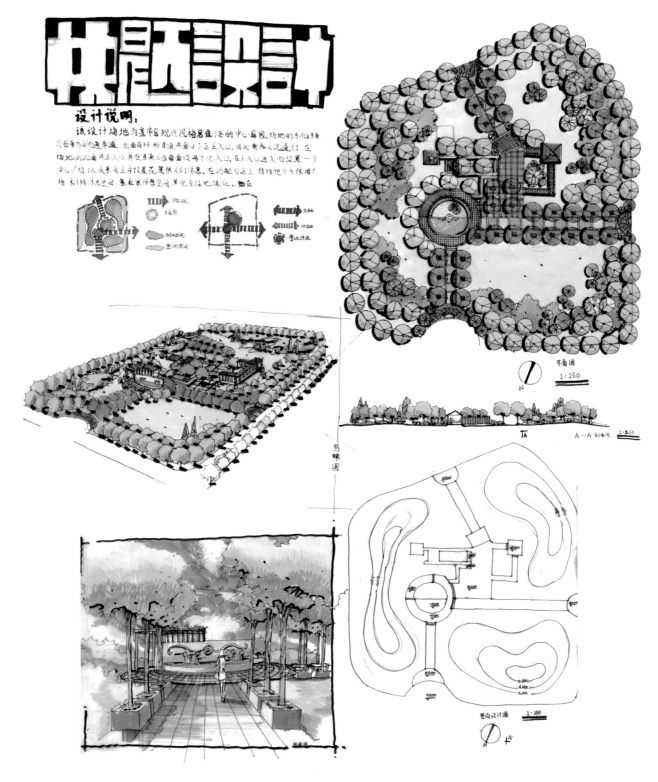

快题设计

设计说明:

该设计场地为某市区现代风格居住小区的中心庭园。场地的东北角与西南角为内向通车道，北面商环形车道开通与小区主入口。因此考虑人流通行，在场地的北面开主入口，并在车道的西南面设两个次入口。在主入口进入向设置一个中心广场。以水景为主并搭配花笑供人们休息。在功能分区上，将场地为为休闲广场，长托降休息里回，安排湖休憩空间，其他的绿地绿化，以监在。

一、命题：南方某高校室外游泳池入口及服务用房扩建设计

二、设计内容（总建筑面积约800±80 ㎡，以下各项为使用面积）

1. 门厅 30 ㎡

2. 值班室 1 间 20 ㎡

3. 男宾部：更衣室（60 ㎡），淋浴室（80 ㎡），卫生间（30 ㎡），小计 170 ㎡

4. 女宾部：更衣室（60 ㎡），淋浴室（80 ㎡），卫生间（30 ㎡），小计 170 ㎡

5. 儿童游泳班家长休息廊 （60 ㎡）

6. 小卖部 （30 ㎡）

7. 咖啡厅 （50 ㎡），制作间 （20 ㎡）

8. 办公室 （25×2=50 ㎡）

9. 游泳池教学器械库房 （50 ㎡）

10. 楼梯（数量根据设计需要）

三、图纸要求

1. 总平面图 （1:500）

2. 各层平面图（1:200 或 1:250）

3. 立面图 1—2 个 （1:200 或 1:250）

4. 剖面图 1—2 个 （1:200 或 1:250）

5. 透视图 1 个 （图面大小不小于 30×40cm）

6. 主要经济技术指标及设计说明。

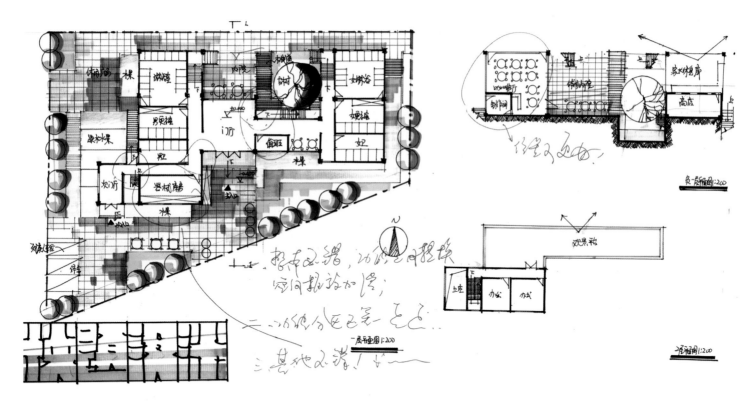

一、命题：建筑学院学术展览附楼设计

二、设计内容（总建筑面积 1200 — 1400m2，以下各项为使用面积）

1．多功能报告厅（100 ㎡）
2．休息活动厅（100 ㎡）
3．展览空间（展厅或展廊，可合设或分设，共500 ㎡）
4．咖啡吧（含制作间）（100 ㎡）
5．卫生间（50 ㎡）
6．建筑书店（50 ㎡）
7．管理室（20 ㎡）

8．储藏室（50 ㎡）
9．室外活动及展览空间（规模自定）

三、图纸要求

1．总平面图（1:500）
2．各层平面图（1:200）
3．立面图2 个（1:200）
4．剖面图1 — 2 个（1:200）
5．透视图1 个，（图面大小不小于 30×40cm）
6．设计分析图（自定）
7．主要经济技术指标及设计说明

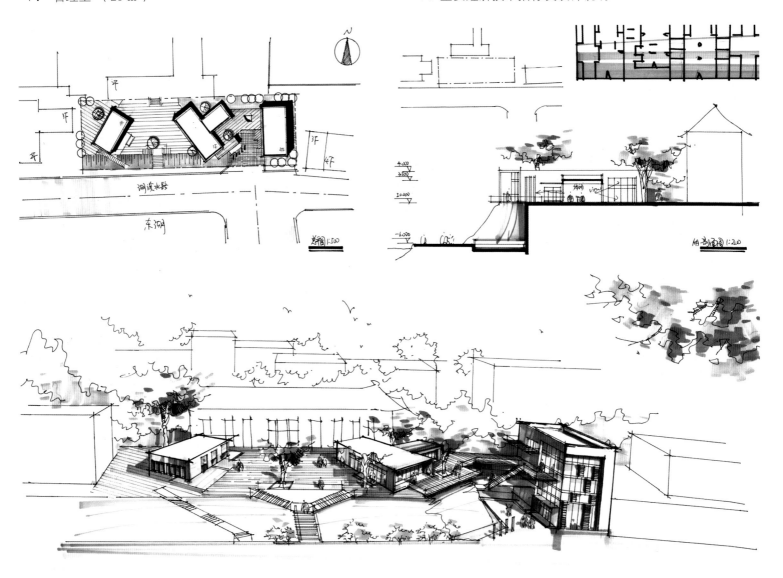

一、钢笔画欣赏

作者：林丽丽

作者：涂小锵

作者：黄守成

作者：黄守成

作者：黄守成

作者：黄守成

二、马克笔表现欣赏

作者：范训瑞

作者：范训瑞

作者：洪益彬

作者：范训瑞　吴巍

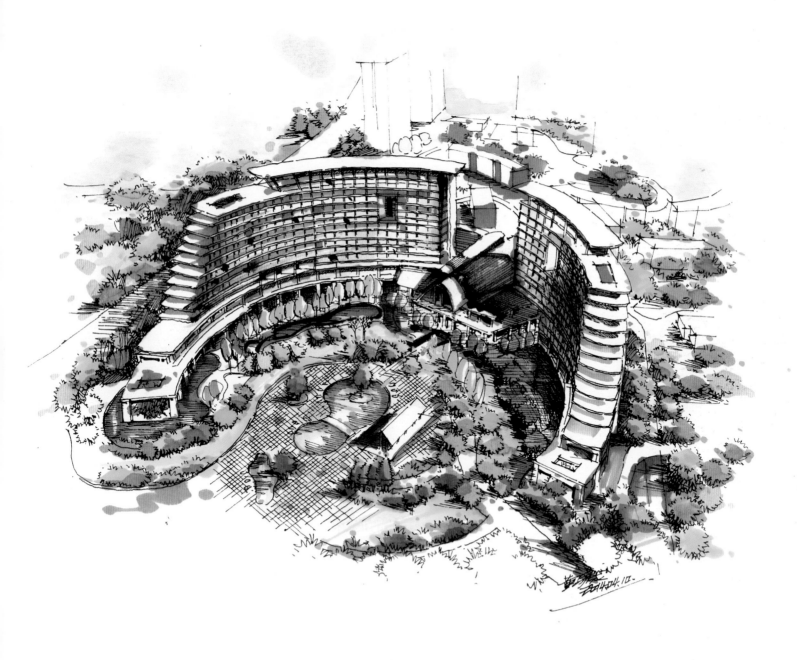

作者：范训瑞　黄守成

作者：刘敏敏　赵筠风

作者：杜思锶　洪益彬

景观手绘表现技法

作者：黄守成　范训瑞

作者：洪益彬